职业教育精品规划教材

金工实习
学习工作页（任务驱动型）

◎ 蔡福洲 谢勇权 主编 ◎ 庞寿平 肖 琪 丁 伟 副主编

［ 本书配有电子教学
参考资料包 ］

电子工业出版社
Publishing House of Electronics Industry
北京·BEIJING

金工实习（学习工作页）

项目七　制作冲孔模具 ……………………………………………………………… 1
　　工作任务 7.1　车削模柄 ……………………………………………………… 1
　　工作任务 7.2　铣削上模板 …………………………………………………… 4
　　工作任务 7.3　铣削冲孔凸模 ………………………………………………… 7
　　工作任务 7.4　铣削卸料板 …………………………………………………… 10
　　工作任务 7.5　铣削冲孔凹模 ………………………………………………… 14
　　工作任务 7.6　铣削下模板 …………………………………………………… 17
　　工作任务 7.7　冲孔模具零件的修整 ………………………………………… 20
　　工作任务 7.8　冲孔模具的配钻与攻丝 ……………………………………… 23
　　工作任务 7.9　冲孔模具的装配与调整 ……………………………………… 26

制作冲孔模具

 **学习目标**

知识目标	学习金属切削工艺及夹具设计知识，编制一般模具结构件的制造工艺规程，整套模具的装配、间隙调整及相关的钳工知识。
能力目标	具备编制一般模具结构件的制造工艺规程能力、熟悉冲压单工序模具典型结构，会选用正确的加工工艺参数，确定关键加工工序的工艺余量，会整套模具的装配、间隙调整。
素质目标	培养学生分工协助、合作交流、解决问题的能力，形成自信、谦虚、勤奋、诚实的品质，学会观察、记忆、思维、想象，培养创造能力、创新意识，养成勤于动脑、探索问题的习惯。

工作任务 7.1 车削模柄

一、任务描述

1. 接到车削模柄的生产派工单，按照如图 7-1 所示的模柄零件图要求制订加工工艺并完成模柄的加工，达到图纸尺寸和表面粗糙度要求。

2. 本任务重点是学习编写模柄零件的加工工艺流程，熟练车床的螺纹零件加工操作及学会零件尺寸精度的控制方法。

3. 依据工作任务书要求（表 7-1），学生通过讨论完成工作页的内容掌握相关知识。学生分组练习，完成车削模柄零件的工作。

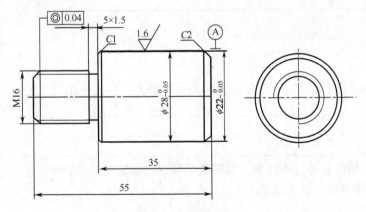

图 7-1 模柄零件图

表 7-1 工作任务书

课程名称	金工实习	任课教师	
项目名称	制作冲孔模具	工作任务	车削模柄

工作资源	制作冲孔模模柄零件的生产派工单，冲孔模模柄零件图，金属加工工艺手册，车工速查手册，C6140 车床，45 钢 ϕ35mm 圆棒料，0～150mm 游标卡尺，0～25mm 螺旋千分尺，外圆车刀，端面车刀，切断刀，螺纹车刀，切槽刀等			
完成形式	个人□ 小组□		完成时间	年 月 日
学习目标	1．会审核模柄零件的材料、尺寸精度、表面粗糙度等技术要求； 2．懂得轴类毛坯工件的装夹、找正和刀具的安装方法； 3．能遵守车床安全操作规程，养成文明生产意识； 4．学会依据图纸和工艺要求车削模柄零件并保证质量； 5．具备团队协作、人际交往能力； 6．具备做决定和计划的能力以及时间管理能力			
实施步骤	1．审阅模柄零件图，明确加工部位、尺寸精度和表面粗糙度； 2．根据材料正确选择工装夹具，合理选择车削速度和走刀量； 3．制订模柄零件加工工艺步骤； 4．小组按照模柄零件加工工艺步骤完成车削加工任务； 5．任务完成后，小组共同展示制作的模柄零件，依据车削模柄零件工作过程评价表进行评价			
任务要求	1．在A4图纸上按尺寸要求绘制模柄零件图； 2．根据学习工作页要求，填充完成相关学习活动中的内容； 3．对模柄零件进行工艺性分析； 4．制订出多个加工工艺方案并对各工艺方案进行比较，选出最经济的工艺方案； 5．明确各工序加工余量并填写"模柄工艺卡"			
考核办法	在规定时间内，小组各成员应学会独立查阅学习资料，共同分析并制订出最经济的工艺方案，小组共同完成车削模柄零件并达到图纸要求，依据"工作过程评价表"进行评价			
备 注				

二、学习活动

学习环节 1．识读图纸，理解模柄零件在冲孔模具中的作用

_____

_____

学习环节 2．分析零件的形状、尺寸精度及技术要求

1．分析模柄零件的形状并绘制模柄零件图。

2．模柄零件的最高精度为几级？查出各尺寸的公差，并由小组代表汇报。

_____

_____

_____

学习环节 3．根据零件分析结果，编写模柄零件的加工工艺流程

1．确定模柄零件加工工艺路线。

_____

_____

2．制订模柄零件工艺卡（表 7-2），明确各工序加工余量。

_____

_____

表 7-2　模柄零件工艺卡

工 序 号	工 序 名 称	工 序 内 容	设　备	工 序 简 图
1				
2				
3				
4				
5				
6				
7				
8				
9				

学习环节 4．根据加工工艺流程，完成车削模柄零件的工作

1．车削加工三角螺纹的速度选择多少合适？

_____

_____

2．如何测量带螺纹的工件？

_____

_____

3．螺纹车刀的装夹方法是什么？

_____

_____

三、学习评价

根据检测结果及零件加工精度要求，对照车削模柄零件工作过程评价表（表 7-3）进行打分。

表 7-3　工作过程评价表

班　级		姓　名		学　号		日　期	年　月　日		
评价指标	评 价 要 素				权重	等 级 评 定			
						A	B	C	D
信息检索	能有效利用网络资源、技术手册等查找信息				5%				
	能用自己的语言有条理地阐述所学知识				5%				
感知工作	能熟悉工作岗位，认同工作价值				5%				
参与状态	探究学习、自主学习，能处理好合作学习和独立思考的关系，做到有效学习				5%				
	能按要求正确操作，能做到倾听、协作、分享				5%				
	能每天按时出勤和完成工作任务				5%				
	善于多角度思考问题，能主动发现、提出有价值的问题				5%				
	积极参与、能在计划制订中不断学习，提高综合运用信息技术的能力				5%				
	工作计划、操作技能符合规范要求				5%				
思维状态	能发现问题、提出问题、分析问题、解决问题、创新问题				5%				

续表

模柄技术要求	φ28mm 外圆尺寸	15%		
	M16 螺纹精度	10%		
	表面粗糙度 *Ra*≤3.2μm	5%		
	表面粗糙度 *Ra*≤1.6μm	15%		
	工具、量具摆放整齐	5%		
有益的经验和做法				
反思				

等级评定：A—好　　B—较好　　C—一般　　D—有待提高

四、知识拓展

1．简述凸、凹模零件的作用。

_____

_____

2．简述落料凸、凹模（冲孔凸、凹模）间隙的作用。

_____

_____

五、工作总结

1．掌握了哪些技能：_____

2．新的体会及经验教训：_____

3．是否达到了预先制订的工作目标：_____

4．其他收获：_____

工作任务 7.2　铣削上模板

一、任务描述

1．接到铣削上模板的生产派工单，按照如图 7-2 所示的上模板零件图要求制订加工工艺并完成零件的加工，达到图纸尺寸和表面粗糙度要求。

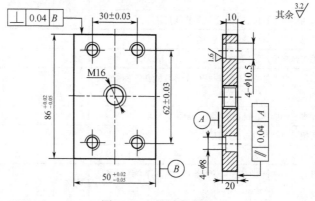

图 7-2　上模板零件图

2．本任务重点是学习编写上模板零件的加工工艺流程，熟练铣床的操作及学会零件尺寸的控制方法。

3．依据工作任务书要求，学生通过讨论完成上模板工作页的内容、掌握相关知识。学生分组练习，完成铣削上模板零件的加工。

表 7-4　工作任务书

课程名称	金工实习		任课教师	
项目名称	制作冲孔模具		工作任务	铣削上模板
学习资源	上模板零件的生产派工单，上模板零件图，金属加工工艺手册，铣工速查手册，X6132 卧式铣床，Q235 钢板 95mm×55mm、厚度为 25mm，0～150mm 游标卡尺，0～25mm 螺旋千分尺，ϕ16mm 立铣刀，端面铣刀，ϕ8mm、ϕ10.5mm 和 ϕ12mm 麻花钻头各一支，划针，高度尺等			
完成形式	个人□　　小组□		完成时间	年　月　日
学习目标	1．会审核上模板零件图的材料、尺寸精度、表面粗糙度等技术要求； 2．懂得上模板零件的装夹、找正和盘铣刀的安装方法； 3．能遵守铣床安全操作规程，养成文明生产意识； 4．学会依据图纸和工艺要求铣削上模零件并保证质量； 5．具备团队协作、人际交往能力； 6．具备做决定和计划的能力以及时间管理能力			
实施步骤	1．审阅上模板零件图，明确加工部位、尺寸精度和表面粗糙度； 2．根据材料正确选择工装夹具，合理选择铣削速度和走刀量； 3．制订上模板零件加工工艺步骤； 4．小组按照上模板零件加工工艺步骤完成铣削加工任务； 5．任务完成后，小组共同展示制作的上模板零件，依据铣削上模板工作过程评价表进行评价			
任务要求	1．在 A4 图纸上按尺寸要求绘制上模板零件图； 2．根据学习工作页要求，填充完成相关学习活动中的内容； 3．对上模板零件进行工艺性分析； 4．制订出多个上模板零件加工工艺方案并对加工工艺方案进行比较，选出最经济的工艺方案； 5．明确各工序加工余量并填写"上模板零件工艺卡"			
考核办法	在规定时间内，小组各成员应学会独立查阅学习资料，共同分析并制订出最经济的工艺方案，小组共同完成铣削上模板零件并达到图纸要求，依据"工作过程评价表"进行评价			
备　注				

二、学习活动

学习环节 1．识读图纸，理解上模板零件在冲孔模具中所起的作用

_____

_____

学习环节 2．分析零件的形状、尺寸精度及技术要求

1．分析上模板零件的形状并绘制上模板零件图。

_____

_____

2．上模板零件的最高精度为几级？查出各尺寸的公差，并由小组代表汇报。

_____

_____

学习环节 3．根据零件分析结果，编写加工工艺流程

1．确定上模板加工工艺路线。

_____

_____

_____

2. 制订上模板零件工艺卡（表7-5），明确各工序加工余量。

<hr>

<hr>

表 7-5　上模板零件工艺卡

工 序 号	工 序 名 称	工 序 内 容	设　备	工 序 简 图
1				
2				
3				
4				
5				
6				
7				
8				
9				

学习环节 4. 根据加工工艺流程，铣削加工上模板零件

1. 如何选择合理的铣削进给量？

<hr>

<hr>

2. 采用顺铣还是逆铣加工？

<hr>

<hr>

<hr>

三、学习评价

根据检测结果及零件加工精度要求，对照铣削上模板零件工作过程评价表（表 7-6）进行打分。

表 7-6　工作过程评价表

班　级		姓　名		学　号		日　期	年　月　日		
评价指标	评 价 要 素				权重	等 级 评 定			
						A	B	C	D
信息检索	能有效利用网络资源、技术手册等查找信息				5%				
	能用自己的语言有条理地阐述所学知识				5%				
感知工作	能熟悉工作岗位，认同工作价值				5%				
参与状态	探究学习、自主学习，能处理好合作学习和独立思考的关系，做到有效学习				5%				
	能按要求正确操作，能做到倾听、协作、分享				5%				
	能每天按时出勤和完成工作任务				5%				
	善于多角度思考问题，能主动发现、提出有价值的问题				5%				
	积极参与、能在计划制订中不断学习，提高综合运用信息技术的能力				5%				
	工作计划、操作技能符合规范要求				5%				
思维状态	能发现问题、提出问题、分析问题、解决问题、创新问题				5%				

续表

上模板技术要求	M16 螺纹有无烂牙	15%			
	孔距 30±0.03mm	10%			
	孔距 62±0.03mm	5%			
	底面表面粗糙度 $Ra \leq 1.6\mu m$	15%			
	工具、量具摆放整齐	5%			
有益的经验和做法					
反思					

等级评定：A—好　　B—较好　　C—一般　　D—有待提高

四、知识拓展

1．什么是弯曲凹模材料？特性如何？
_____
_____

2．弯曲凹模材料的热处理要求是什么？
_____
_____

五、工作总结

1．掌握了哪些技能：_____
2．新的体会及经验教训：_____
3．是否达到了预先制订的工作目标：_____
4．其他收获：_____

工作任务 7.3　铣削冲孔凸模

一、任务描述

1．接到铣削冲孔凸模的生产派工单，按照如图 7-3 所示冲孔凸模零件图要求制订加工工艺并完成零件的加工，达到图纸尺寸和表面粗糙度要求。

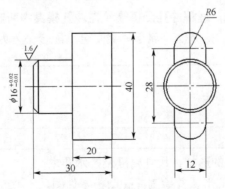

图 7-3　冲孔凸模零件图

2．本任务重点是学习编写冲孔凸模零件的加工工艺流程，熟练铣床的操作及学会零件尺寸的控制方法。

3. 依据工作任务书要求（表 7-7），学生通过讨论完成工作页的内容、掌握相关知识。学生分组练习，完成铣削冲孔凸模零件的加工。

表 7-7　工作任务书

课程名称	金工实习		任课教师		
项目名称	制作冲孔模具		工作任务	铣削冲孔凸模	
工作资源	制作冲孔凸模零件的生产派工单，冲孔凸模零件图、金属加工工艺手册，车工速查手册，铣工速查手册，C6140A 车床，X6132 卧式铣床，45 钢板 ϕ 45mm 圆棒料，0～150mm 游标卡尺，0～25mm 螺旋千分尺，ϕ16mm 立铣刀，外圆车刀，切断刀，划针，高度尺等				
完成形式	个人□　　小组□		完成时间	年　月　日	
学习目标	1. 会审核冲孔凸模零件图的材料、尺寸精度、表面粗糙度等技术要求； 2. 懂得冲孔凸模零件的装夹、找正和铣刀的安装方法； 3. 能遵守铣床安全操作规程，养成文明生产意识； 4. 学会依据图纸和工艺要求铣削冲孔凸模零件并保证质量； 5. 具备团队协作、人际交往能力； 6. 具备做决定和计划的能力以及时间管理能力				
实施步骤	1. 审阅冲孔凸模零件图，明确加工部位、尺寸精度和表面粗糙度； 2. 根据材料正确选择工装夹具，合理选择铣削速度和走刀量； 3. 制订冲孔凸模零件加工工艺步骤； 4. 小组按照冲孔凸模零件加工工艺步骤完成铣削加工任务； 5. 任务完成后，小组共同展示制作的冲孔凸模零件，依据铣削冲孔凸模工作过程评价表进行评价				
任务要求	1. 在 A4 图纸上按尺寸要求绘制冲孔凸模零件图； 2. 根据学习工作页要求，填充完成相关学习活动中的内容； 3. 对冲孔凸模零件进行工艺性分析； 4. 制订出多个冲孔凸模零件加工工艺方案并对工艺方案进行比较，选出最经济的工艺方案； 5. 明确各工序加工余量并填写"冲孔凸模零件工艺卡"				
考核办法	在规定时间内，小组各成员应学会独立查阅学习资料，共同分析并制订出最经济的工艺方案，小组共同完成铣削冲孔凸模零件并达到图纸要求，依据"工作过程评价表"进行评价				
备　注					

二、学习活动

学习环节 1. 识读图纸，理解冲孔凸模零件在冲孔模具中所起的作用

1. 冲孔凸模有哪几种固定方法，属于哪类配合，配合公差为多少合适？

_____

2. 简述冲孔凸模零件的作用。

_____

学习环节 2. 分析零件的形状、尺寸精度及技术要求

1. 分析冲孔凸模零件的形状并绘制冲孔凸模零件图。

2．简述用立铣刀铣平面的方法。

_____

学习环节 3．根据零件分析结果，编写加工工艺流程

1．确定冲孔凸模零件加工工艺路线。

_____

2．制订冲孔凸模零件工艺卡（表 7-8），明确各工序加工余量。

_____

表 7-8　冲孔凸模零件工艺卡

工 序 号	工 序 名 称	工 序 内 容	设　备	工 序 简 图
1				
2				
3				
4				
5				
6				
7				
8				
9				

学习环节 4．根据加工工艺流程，铣削加工冲孔凸模零件

1．如何在卧式铣床上端铣平行面？

_____

2．斜面的铣削方法有几种？

_____

三、学习评价

根据检测结果及零件加工精度要求，对照铣削冲孔凸模零件工作过程评价表（表 7-9）进行打分。

表 7-9　工作过程评价表

班　级		姓　名		学　号		日　期	年　月　日		
评价指标	评 价 要 素				权重	等 级 评 定			
						A	B	C	D
信息检索	能有效利用网络资源、技术手册等查找信息				5%				
	能用自己的语言有条理地阐述所学知识				5%				
感知工作	能熟悉工作岗位，认同工作价值				5%				
参与状态	探究学习、自主学习，能处理好合作学习和独立思考的关系，做到有效学习				5%				
	能按要求正确操作，能做到倾听、协作、分享				5%				
	能每天按时出勤和完成工作任务				5%				

续表

参与状态	善于多角度思考问题，能主动发现、提出有价值的问题	5%				
	积极参与、能在计划制订中不断学习，提高综合运用信息技术的能力	5%				
	工作计划、操作技能符合规范要求	5%				
思维状态	能发现问题、提出问题、分析问题、解决问题、创新问题	5%				
铣削冲孔凸模技术要求	$\phi16mm$ 外圆尺寸精度	15%				
	冲孔凸模宽度 12mm 尺寸精度	10%				
	凸模长度 20mm 尺寸精度	5%				
	$\phi16mm$ 外圆表面粗糙度 $Ra\leq1.6\mu m$	15%				
	工具、量具摆放整齐	5%				
有益的经验和做法						
反思						

等级评定: A—好　　B—较好　　C—一般　　D—有待提高

四、知识拓展

1. 简述圆工作台的用途。

_____

_____

_____

2. 圆周进给式铣床夹具的特点是什么？

_____

_____

_____

五、工作总结

1. 掌握了哪些技能：_____

2. 新的体会及经验教训：_____

3. 是否达到了预先制订的工作目标：_____

4. 其他收获：_____

工作任务 7.4　铣削卸料板

一、任务描述

1. 接到铣削卸料板的生产派工单，按照如图 7-4 所示的卸料板零件要求制订加工工艺并完成零件的加工，达到图纸尺寸和表面粗糙度要求。

2. 本任务重点是学习编写卸料板零件的加工工艺流程，熟练铣削槽孔的加工操作方法。

3. 依据工作任务书要求（表 7-10），学生通过讨论完成工作页的内容、掌握相关知识。学生分组练习，完成铣削卸料板零件的加工。

其余 $\sqrt[3.2]{}$

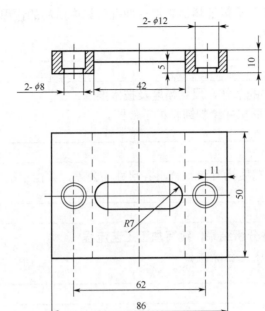

图 7-4　卸料板零件图

表 7-10　工作任务书

课程名称	金工实习		任课教师	
项目名称	制作冲孔模具		工作任务	铣削卸料板
工作资源	制作卸料板零件的生产派工单，卸料板零件图，金属加工工艺手册，铣工速查手册，X6132 卧式铣床，Q235 钢板 95mm×60mm、厚度为 15mm，0～150mm 游标卡尺，0～25mm 螺旋千分尺，$\phi14$mm 键槽刀，端面铣刀，$\phi8$mm 和 $\phi10.5$mm 麻花钻头各一支，划针，高度尺等			
完成形式	个人□　　小组□		完成时间	年　月　日
学习目标	1. 会审核卸料板零件图的材料、尺寸精度、表面粗糙度等技术要求； 2. 懂得卸料板零件的装夹、找正和铣刀的安装方法； 3. 能遵守铣床安全操作规程，养成文明生产意识； 4. 学会依据图纸和工艺要求铣削卸料板零件并保证质量； 5. 具备团队协作、人际交往能力； 6. 具备做决定和计划的能力以及时间管理能力			
实施步骤	1. 审阅卸料板零件图，明确加工部位、尺寸精度和表面粗糙度； 2. 根据材料正确选择工装夹具，合理选择铣削速度和走刀量；			
实施步骤	3. 制订卸料板零件加工工艺步骤； 4. 小组按照卸料板零件加工工艺步骤完成铣削加工任务； 5. 任务完成后，小组共同展示制作的卸料板零件，依据铣削卸料板工作过程评价表进行评价			
任务要求	1. 在 A4 图纸上按尺寸要求绘制卸料板零件图； 2. 根据学习工作页要求，填充完成相关学习活动中的内容； 3. 对卸料板零件进行工艺性分析； 4. 制订出多个卸料板零件加工工艺方案并对工艺方案进行比较，选出最经济的工艺方案； 5. 明确各工序加工余量并填写"卸料板零件工艺卡"			
考核办法	在规定时间内，小组各成员应学会独立查阅学习资料，共同分析并制订出最经济的工艺方案，小组共同完成铣削卸料板零件并达到图纸要求，依据"工作过程评价表"进行评价			
备　注				

二、学习活动

学习环节 1. 识读图纸，理解卸料板零件在冲孔模具中所起的作用

简述卸料板零件的作用。

_____

_____

学习环节 2. 分析零件的形状、尺寸精度及技术要求

1. 分析卸料板零件的形状并绘制卸料板零件图。

_____

_____

2. 卸料板零件的最高精度为几级？查出各尺寸的公差，并由小组代表汇报。

_____

_____

学习环节 3. 根据零件分析结果，编写加工工艺流程

1. 确定卸料板零件加工工艺路线。

_____

_____

2. 制订卸料板零件工艺卡（表 7-11），明确各工序加工余量。

_____

_____

_____

表 7-11　卸料板零件工艺卡

工 序 号	工 序 名 称	工 序 内 容	设 备	工 序 简 图
1				
2				
3				
4				
5				
6				
7				
8				
9				

学习环节 4. 根据加工工艺流程，完成铣削加工卸料板零件任务

1. 铣削加工台阶、直角沟槽的技术要求是什么？

_____

_____

2. 什么是扩刀铣削法？

_____

_____

三、学习评价

根据检测结果及零件加工精度要求，对照铣削卸料板零件工作过程评价表（表 7-12）进行打分。

表 7-12　工作过程评价表

班　级		姓　名		学　号		日　期	年　月　日		
评价指标	评　价　要　素				权重	等级评定			
						A	B	C	D
信息检索	能有效利用网络资源、技术手册等查找信息				5%				
	能用自己的语言有条理地阐述所学知识				5%				
感知工作	能熟悉工作岗位，认同工作价值				5%				
参与状态	探究学习、自主学习，能处理好合作学习和独立思考的关系，做到有效学习				5%				
	能按要求正确操作，能做到倾听、协作、分享				5%				
	能每天按时出勤和完成工作任务				5%				
参与状态	善于多角度思考问题，能主动发现、提出有价值的问题				5%				
	积极参与、能在计划制订中不断学习，提高综合运用信息技术的能力				5%				
	工作计划、操作技能符合规范要求				5%				
思维状态	能发现问题、提出问题、分析问题、解决问题、创新问题				5%				
铣削卸料板技术要求	$R7$ 腰形孔尺寸精度				15%				
	孔距宽度 62mm 尺寸精度				10%				
	卸料板厚度 10mm 尺寸精度				5%				
	表面粗糙度 $Ra \leq 3.2\mu m$				15%				
	工具、量具摆放整齐				5%				
有益的经验和做法									
反思									

等级评定：A—好　　　B—较好　　　C—一般　　　D—有待提高

四、知识拓展

请制订如图 7-5 所示零件的加工工艺步骤，加工上表面及台阶面（其余表面已加工）。毛坯为 100mm×80mm×32mm 长方块，材料为 45 钢，单件生产。

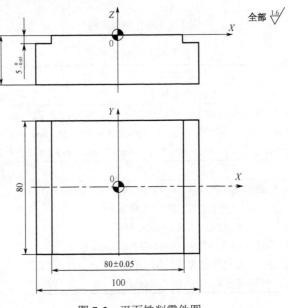

图 7-5　平面铣削零件图

五、工作总结

1. 掌握了哪些技能：_____

2. 新的体会及经验教训：_____

3. 是否达到了预先制订的工作目标：_____

4. 其他收获：_____

工作任务 7.5　铣削冲孔凹模

一、任务描述

1. 接到铣削冲孔凹模的生产派工单，按照如图 7-6 所示的冲孔凹模零件图要求制订加工工艺并完成零件的加工，达到图纸尺寸和表面粗糙度要求。

2. 本任务重点是学习编写冲孔凹模零件的加工工艺流程，熟练铣床的操作方法。

3. 依据工作任务书要求（表 7-13），学生通过讨论完成工作页的内容掌握相关知识。学生分组练习，完成铣削冲孔凹模零件的加工。

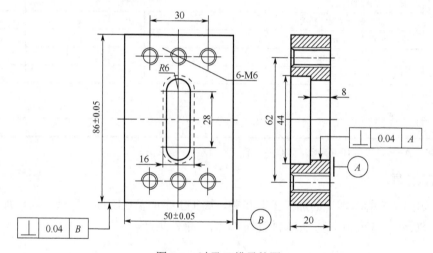

图 7-6　冲孔凹模零件图

表 7-13　工作任务书

课程名称	金工实习		任课教师		
项目名称	制作冲孔模具		工作任务	铣削冲孔凹模	
学习资源	制作冲孔凹模零件的生产派工单，冲孔凹模零件图，金属加工工艺手册，铣工速查手册，X6132 卧式铣床，Q235 钢板 95mm×60mm、厚度为 25mm，0～150mm 游标卡尺，0～25mm 螺旋千分尺，划针，高度尺，ϕ12mm 和 16mm 键槽刀，ϕ16mm 立铣刀，端面铣刀，ϕ5mm 麻花钻头和 M6 丝攻各一支等				
完成形式	个人□　　小组□			完成时间	年　月　日
学习目标	1. 会审核冲孔凹模零件图的材料、尺寸精度、表面粗糙度等技术要求； 2. 懂得冲孔凹模零件的装夹、找正和铣刀的安装方法； 3. 能遵守铣床安全操作规程，养成文明生产意识； 4. 学会依据图纸和工艺要求铣削冲孔凹模零件并保证质量； 5. 具备团队协作、人际交往能力； 6. 具备做决定和计划的能力以及时间管理能力				

续表

实施步骤	1. 审阅冲孔凹模零件图，明确加工部位、尺寸精度和表面粗糙度； 2. 根据材料正确选择工装夹具，合理选择铣削速度和走刀量； 3. 制订冲孔凹模零件加工工艺步骤； 4. 小组按照冲孔凹模零件加工工艺步骤完成铣削加工任务； 5. 任务完成后，小组共同展示制作的冲孔凹模零件，依据铣削冲孔凹模工作过程评价表进行评价
任务要求	1. 在 A4 图纸上按尺寸要求绘制冲孔凹模零件图； 2. 根据学习工作页要求，填充完成相关学习活动中的内容； 3. 对冲孔凹模零件进行工艺性分析； 4. 制订出多个冲孔凹模零件加工工艺方案并对工艺方案进行比较，选出最经济的工艺方案； 5. 明确各工序加工余量并填写"冲孔凹模零件工艺卡"
考核办法	在规定时间内，小组各成员应学会独立查阅学习资料，共同分析并制订出最经济的工艺方案，小组共同完成铣削冲孔凹模零件并达到图纸要求，依据"工作过程评价表"进行评价
备　注	

二、学习活动

学习环节 1. 识读图纸，理解冲孔凹模零件在冲孔模具中所起的作用

简述冲孔凹模零件的作用。

_____

_____

学习环节 2. 分析零件的形状、尺寸精度及技术要求

1. 分析冲孔凹模零件的形状并绘制冲孔凹模零件图。

2. 冲孔凹模零件的最高精度为几级？查出各尺寸的公差，并由小组代表汇报。

_____

_____

学习环节 3. 根据零件分析结果，编写加工工艺流程

1. 确定冲孔凹模零件加工工艺路线。

_____

_____

2. 制订冲孔凹模零件工艺卡（表 7-14），明确各工序加工余量。

_____

_____

表 7-14　冲孔凹模零件工艺卡

工　序　号	工　序　名　称	工　序　内　容	设　　备	工　序　简　图
1				
2				
3				
4				
5				
6				

续表

工 序 号	工 序 名 称	工 序 内 容	设 备	工 序 简 图
7			—	
8			—	
9				

学习环节 4. 根据加工工艺流程，完成铣削加工冲孔凹模零件任务

1. 如何选择合理的吃刀量？

_____

_____

2. 如何选择每齿进给量？

_____

_____

三、学习评价

根据检测结果及零件加工精度要求，对照铣削冲孔凹模零件工作过程评价表（表 7-15）进行打分。

表 7-15 工作过程评价表

班 级		姓 名		学 号		日 期	年 月 日		
评价指标	评价要素				权重	等级评定			
						A	B	C	D
信息检索	能有效利用网络资源、技术手册等查找信息				5%				
	能用自己的语言有条理地阐述所学知识				5%				
感知工作	能熟悉工作岗位，认同工作价值				5%				
参与状态	探究学习、自主学习，能处理好合作学习和独立思考的关系，做到有效学习				5%				
	能按要求正确操作，能做到倾听、协作、分享				5%				
	能每天按时出勤和完成工作任务				5%				
	善于多角度思考问题，能主动发现、提出有价值的问题				5%				
	积极参与、能在计划制订中不断学习，提高综合运用信息技术的能力				5%				
	工作计划、操作技能符合规范要求				5%				
思维状态	能发现问题、提出问题、分析问题、解决问题、创新问题				5%				
铣削冲孔凹模技术要求	$R6mm$ 腰形孔尺寸精度				15%				
	孔距宽度 62mm 尺寸精度				10%				
	孔距宽度 30mm 尺寸精度				5%				
	垂直度 0.04mm				15%				
	工具、量具摆放整齐				5%				
有益的经验和做法									
反思									

等级评定：A—好　　　B—较好　　　C—一般　　　D—有待提高

四、工作总结

1. 掌握了哪些技能：_____

2. 新的体会及经验教训：_____

3. 是否达到了预先制订的工作目标：_____

4. 其他收获：_____

工作任务 7.6 铣削下模板

一、任务描述

1. 接到铣削下模板的生产派工单，按照如图 7-7 所示的下模板零件图要求制订加工工艺并完成下模板零件的加工，达到图纸尺寸和表面粗糙度要求。

2. 本任务重点是学习编写下模板零件的加工工艺流程，熟练铣床的操作及学会零件尺寸的控制方法。

3. 依据工作任务书要求（表 7-16），学生通过讨论完成工作页的内容掌握相关知识。学生分组练习，完成铣削下模板零件的加工。

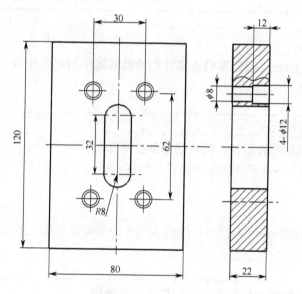

图 7-7 下模板零件图

表 7-16 工作任务书

课程名称	金工实习		任课教师		
项目名称	制作冲孔模具		工作任务	铣削下模板	
工作资源	制作下模板零件的生产派工单，下模板零件图，金属加工工艺手册，铣工速查手册，X6132 卧式铣床，Q235 钢板 85mm×130mm，厚度为 25mm，0～150mm 游标卡尺，0～25mm 螺旋千分尺，16mm 键槽刀，ϕ16mm 立铣刀，端面铣刀，ϕ8mm 和 ϕ10.5mm 麻花钻头各一支，划针，高度尺等				
完成形式	个人□ 小组□		完成时间	年 月 日	
学习目标	1. 会审核下模板零件图的材料、尺寸精度、表面粗糙度等技术要求；				
	2. 懂得下模板零件的装夹、找正和铣刀的安装方法；				
	3. 能遵守铣床安全操作规程，养成文明生产意识；				

学习目标	4. 学会依据图纸和工艺要求铣削下模板零件并保证质量； 5. 具备团队协作、人际交往能力； 6. 具备做决定和计划的能力以及时间管理能力
实施步骤	1. 审阅下模板零件图，明确加工部位、尺寸精度和表面粗糙度； 2. 根据材料正确选择工装夹具，合理选择铣削速度和走刀量； 3. 制订下模板零件加工工艺步骤； 4. 小组按照下模板零件加工工艺步骤完成铣削加工任务； 5. 任务完成后，小组共同展示制作的下模板零件，依据铣削下模板工作过程评价表进行评价
任务要求	1. 在A4图纸上按尺寸要求绘制下模板零件图； 2. 根据学习工作页要求，填充完成相关学习活动中的内容； 3. 对下模板零件进行工艺性分析； 4. 制订出多个下模板零件加工工艺方案并对工艺方案进行比较，选出最经济的工艺方案； 5. 明确各工序加工余量及填写"下模板零件工艺卡"
考核办法	在规定时间内，小组各成员应学会独立查阅学习资料，共同分析并制订出最经济的工艺方案，小组共同完成铣削下模板零件并达到图纸要求，依据"工作过程评价表"进行评价
备　注	

二、学习活动

学习环节1. 识读图纸，理解下模板零件在冲孔模具中所起的作用

简述下模板零件的作用。

_____

_____

学习环节2. 分析零件的形状、尺寸精度及技术要求

1. 分析下模板零件的形状并绘制下模板零件图。

2. 下模板零件的最高精度为几级？查出各尺寸的公差，并由小组代表汇报。

_____

_____

学习环节3. 根据零件分析结果，编写加工工艺流程

1. 确定下模板零件加工工艺路线。

_____

_____

2. 制订下模板零件工艺卡（表7-17），明确各工序加工余量。

_____

_____

表7-17　下模板零件工艺卡

工 序 号	工 序 名 称	工 序 内 容	设　备	工 序 简 图
1				
2				

续表

工 序 号	工 序 名 称	工 序 内 容	设 备	工 序 简 图
3				
4				
5				
6				
7				
8				
9				

学习环节 4. 根据加工工艺流程,完成铣削加工下模板零件任务

1. 如何用角度铣刀铣斜面?

_____

_____

2. 在立式铣床上如何端铣平行面?

_____

_____

三、学习评价

根据检测结果及零件加工精度要求,对照铣削下模板零件工作过程评价表(表7-18)进行打分。

表7-18 工作过程评价表

班　级		姓　名	学　号		日　期	年 月 日		
评价指标	评价要素			权重	等 级 评 定			
					A	B	C	D
信息检索	能有效利用网络资源、技术手册等查找信息			5%				
	能用自己的语言有条理地阐述所学知识			5%				
感知工作	能熟悉工作岗位,认同工作价值			5%				
参与状态	探究学习、自主学习,能处理好合作学习和独立思考的关系,做到有效学习			5%				
	能按要求正确操作,能做到倾听、协作、分享			5%				
	能每天按时出勤和完成工作任务			5%				
	善于多角度思考问题,能主动发现、提出有价值的问题			5%				
	积极参与、能在计划制订中不断学习,提高综合运用信息技术的能力			5%				
	工作计划、操作技能符合规范要求			5%				
思维状态	能发现问题、提出问题、分析问题、解决问题、创新问题			5%				
铣削下模板技术要求	$R8mm$ 腰形孔尺寸精度			15%				
	孔距宽度 62mm 尺寸精度			10%				
	孔距宽度 30mm 尺寸精度			5%				
	$\phi 8mm$ 和 $\phi 10.5mm$ 内孔尺寸精度			15%				
	工具、量具摆放整齐			5%				
有益的经验和做法								
反思								

等级评定: A—好　　　B—较好　　　C—一般　　　D—有待提高

四、知识拓展

1. 攻螺纹的注意事项有哪些？

_____

_____

2. 套螺纹前圆杆直径如何确定？

_____

_____

五、工作总结

1. 掌握了哪些技能：_____

2. 新的体会及经验教训：_____

3. 是否达到了预先制订的工作目标：_____

4. 其他收获：_____

工作任务 7.7　冲孔模具零件的修整

一、任务描述

1. 接到冲孔模具零件修整的生产派工单，按照如图 7-8 所示冲孔模具零件图要求制订加工工艺并完成对冲孔模具零件的修整加工，达到图纸尺寸和表面粗糙度要求。

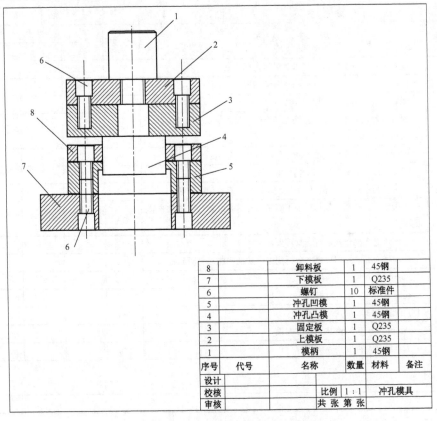

8		卸料板	1	45钢	
7		下模板	1	Q235	
6		螺钉	10	标准件	
5		冲孔凹模	1	45钢	
4		冲孔凸模	1	45钢	
3		固定板	1	Q235	
2		上模板	1	Q235	
1		模柄	1	45钢	
序号	代号	名称	数量	材料	备注
设计					
校核			比例	1:1	冲孔模具
审核			共　张　第　张		

图 7-8　冲孔模具零件图

2．本任务重点是学习编制冲孔模具零件的修整加工工艺流程，熟练钳工操作及学会装配零件尺寸的控制方法。

3．依据工作任务书要求（表7-19），学生通过讨论完成工作页的内容掌握模具零件的修整相关知识。

表7-19　工作任务书

课程名称	金工实习		任课教师	
项目名称	制作冲孔模具		工作任务	冲孔模具零件的修整
学习资源	修整冲孔模具零件生产派工单，冲孔模具装配图及其零件图，0～150mm 游标卡尺，0～25mm 螺旋千分尺，大、中、小锉刀，油石，砂纸，虎钳等			
完成形式	个人□　　小组□		完成时间	年　月　日
学习目标	1．会审核冲孔模具装配图纸配合精度、表面粗糙度等技术要求； 2．学会依据图纸和工艺要求修整冲孔模具零件并保证质量； 3．具备团队协作、人际交往能力； 4．具备做决定和计划的能力以及时间管理能力			
实施步骤	1．审阅冲孔模具装配图纸配合精度、表面粗糙度等技术要求； 2．根据图纸配合精度要求，制订冲孔模具零件的修整工艺步骤； 3．小组按照冲孔模具零件的修整工艺步骤完成修整任务； 4．任务完成后，小组共同展示修整完成的冲孔模具零件，依据工作过程评价表进行评价			
任务要求	1．正确写出冲孔模具零件的修整工艺步骤； 2．根据学习工作页要求，填充完成相关学习活动中的内容； 3．正确分析冲孔模具零件的装配工艺性； 4．制订出多种修整工艺方案并对工艺方案进行比较，选出最经济的工艺方案； 5．明确各工序加工余量并填写"冲孔模具零件修整工艺卡"			
考核办法	在规定时间内，小组各成员应学会独立查阅学习资料，共同分析并制订出最经济的工艺方案，小组共同完成冲孔模具零件的修整并达到图纸要求，依据"工作过程评价表"进行评价			
备　注				

二、学习活动

学习环节1．识读图纸，理解间隙配合在冲孔模具中所起的重要性

_____

学习环节2．分析零件的形状、尺寸精度及技术要求

1．根据冲孔模具装配图，写出冲孔模具装配的精度要求。

_____

2．根据冲孔模具装配图，写出冲孔模具装配的技术要求。

_____

学习环节3．根据凸模、凹模配合要求的分析结果，编写修整加工工艺流程

1．确定修整加工工艺路线。

_____

2. 制订冲孔模具零件修整工艺卡（表7-20），明确各工序加工余量。

表7-20 冲孔模具零件修整工艺卡

工 序 号	工 序 名 称	工 序 内 容	设 备	工 序 简 图
1				
2				
3				
4				
5				
6				
7				

学习环节4．根据加工工艺流程，对冲孔模具零件进行修整

1．孔类零件光整加工方法是什么？

2．冲裁模装配的技术要求有哪些？

三、学习评价

根据检测结果及零件加工精度要求，对照冲孔模具零件修整的工作过程评价表（表7-21）进行打分。

表7-21 工作过程评价表

班 级		姓 名		学 号		日 期	年 月 日		
评价指标	评 价 要 素				权重	等 级 评 定			
						A	B	C	D
信息检索	能有效利用网络资源、技术手册等查找信息				5%				
	能用自己的语言有条理地阐述所学知识				5%				
感知工作	能熟悉工作岗位，认同工作价值				5%				
参与状态	探究学习、自主学习，能处理好合作学习和独立思考的关系，做到有效学习				5%				
	能按要求正确操作，能做到倾听、协作、分享				5%				
	能每天按时出勤和完成工作任务				5%				
	善于多角度思考问题，能主动发现、提出有价值的问题				5%				
	积极参与、能在计划制订中不断学习，提高综合运用信息技术的能力				5%				
	工作计划、操作技能符合规范要求				5%				
思维状态	能发现问题、提出问题、分析问题、解决问题、创新问题				5%				

续表

	握锉动作	15%			
偏心轮机构零件修整的技术要求	操作姿势	10%			
	凸、凹模间隙	5%			
	凸、凹模表面粗糙度 $Ra \leqslant 1.6\mu m$	15%			
	工具、量具摆放整齐	5%			
有益的经验和做法					
反思					

等级评定：A—好　　　B—较好　　　C—一般　　　D—有待提高

四、知识拓展

1．装配工作的要求有哪些？

_____

_____

2．纸样试冲方法是什么？

_____

_____

3．拆卸工作的要求有哪些？

_____

_____

五、工作总结

1．掌握了哪些技能：_____

2．新的体会及经验教训：_____

3．是否达到了预先制订的工作目标：_____

4．其他收获：_____

工作任务 7.8　冲孔模具的配钻与攻丝

一、任务描述

1．接到冲孔模具的配钻与攻丝生产派工单，按照冲孔模具图纸要求制订配钻与攻丝加工工艺并完成零件的加工，达到图纸尺寸和表面粗糙度要求。

2．本任务重点是学习编写冲孔模具的配钻与攻丝加工工艺流程，熟练操作台钻进行配钻方法。

3．依据工作任务书要求（表 7-22），学生通过讨论完成工作页的内容掌握相关知识。学生分组练习，完成冲孔模具零件的配钻与攻丝加工。

表 7-22　工作任务书

课程名称	金工实习		任课教师	
项目名称	制作冲孔模具		工作任务	冲孔模具的配钻与攻丝
工作资源	冲孔模具的配钻与攻丝生产派工单，冲孔模具装配图及其零件图，模柄，上模板，下模板，固定板，凸模，凹模，卸料版，$\phi 6.7mm$ 和 $\phi 8mm$ 麻花钻头各一支，台钻，M8 丝攻一副，虎钳，铜棒，铁锤，0～150mm 游标卡尺等			

续表

完成形式	个人□ 小组□		完成时间	年 月 日
学习目标	1. 掌握定位销在冲孔模具中的作用； 2. 能掌握定位孔的加工及精度控制方法； 3. 学会定位孔的攻丝加工方法； 4. 能遵守钻床安全操作规程，养成文明生产意识； 5. 学会依据图纸和工艺要求钻削零件并保证质量； 6. 具备团队协作、人际交往能力； 7. 具备做决定和计划的能力以及时间管理能力			
实施步骤	1. 审阅冲孔模具零件图，明确加工部位、尺寸精度和表面粗糙度； 2. 根据材料正确选择工装夹具，合理选择钻削速度和走刀量； 3. 制订冲孔模具的配钻与攻丝加工工艺步骤； 4. 小组按照冲孔模具的配钻与攻丝加工工艺步骤完成相关的工作任务； 5. 任务完成后，小组共同展示已配钻和攻丝好的冲孔模具零件，依据工作过程评价表进行评价			
任务要求	1. 正确写出冲孔模具零件的配钻和攻丝工艺步骤； 2. 根据学习工作页要求，填充完成相关学习活动中的内容； 3. 对固定板、凹模零件进行工艺性分析； 4. 制订出固定板、凹模零件配钻和攻丝的加工工艺方案			
考核办法	在规定时间内，小组各成员应学会独立查阅学习资料，共同分析并制订出最经济的工艺方案，小组共同完成冲孔模具零件的配钻和攻丝并达到图纸要求，依据"工作过程评价表"进行评价			
备 注				

二、学习活动

学习环节 1. 识读图纸，理解并写出冲孔模具的配钻与攻丝要求

_____

_____

_____

学习环节 2. 分析零件的形状、尺寸精度及技术要求

1. 冲模试冲与调整的目的是什么？

_____

_____

2. 简述如何鉴定制件和模具的质量。

_____

_____

学习环节 3. 根据零件分析结果，编写加工工艺流程

1. 确定冲孔模具的配钻与攻丝加工工艺路线。

_____

_____

_____

2. 制订冲孔模具的配钻与攻丝工艺卡（表 7-23），明确各工序加工余量。

_____

_____

表 7-23　冲孔模具的配钻与攻丝工艺卡

工 序 号	工 序 名 称	工 序 内 容	设　　备	工 序 简 图
1				
2				
3				
4				
5				
6				
7				

学习环节 4．根据加工工艺流程，对冲孔模具零件进行配钻与攻丝

1．如何计算螺纹底孔直径？

_____

_____

2．钻床的安全操作规范是什么？

_____

_____

3．如何正确使用板牙架？

_____

_____

_____

三、学习评价

根据检测结果及零件加工精度要求，对照冲孔模具的配钻与攻丝工作过程评价表（表 7-24）进行打分。

表 7-24　工作过程评价表

班　级		姓　名		学　号		日　期	年　月　日		
评价指标	评 价 要 素				权重	等 级 评 定			
						A	B	C	D
信息检索	能有效利用网络资源、技术手册等查找信息				5%				
	能用自己的语言有条理地阐述所学知识				5%				
感知工作	能熟悉工作岗位，认同工作价值				5%				
参与状态	探究学习、自主学习，能处理好合作学习和独立思考的关系，做到有效学习				5%				
	能按要求正确操作，能做到倾听、协作、分享				5%				
	能每天按时出勤和完成工作任务				5%				
	善于多角度思考问题，能主动发现、提出有价值的问题				5%				
	积极参与、能在计划制订中不断学习，提高综合运用信息技术的能力				5%				
	工作计划、操作技能符合规范要求				5%				

续表

思维状态	能发现问题、提出问题、分析问题、解决问题、创新问题	5%				
冲孔模具的 配钻与攻丝 的技术要求	M6 螺孔垂直度	15%				
	6-ϕ5mm 孔尺寸	5%				
	6-M6 螺孔（无烂牙）	10%				
	ϕ5mm 孔内表面粗糙度 Ra≤3.2μm	15%				
	工具、量具摆放整齐	5%				
有益的经 验和做法						
反思						

等级评定：A—好　　　B—较好　　　C—一般　　　D—有待提高

四、工作总结

1．掌握了哪些技能：＿＿＿＿＿＿＿＿＿＿＿＿＿＿＿＿＿＿＿＿＿＿＿＿

2．新的体会及经验教训：＿＿＿＿＿＿＿＿＿＿＿＿＿＿＿＿＿＿＿＿＿＿

3．是否达到了预先制订的工作目标：＿＿＿＿＿＿＿＿＿＿＿＿＿＿＿＿＿

4．其他收获：＿＿＿＿＿＿＿＿＿＿＿＿＿＿＿＿＿＿＿＿＿＿＿＿＿＿＿

工作任务7.9　冲孔模具的装配与调整

一、任务描述

1．接到冲孔模具的装配与调整生产派工单，按照冲孔模具的装配图所示要求制订冲孔模具的装配工艺并完成冲孔模具的装配与调整工作达到图纸尺寸。

2．本任务重点是学习编写冲孔模具的装配工艺流程，学会装配冲孔模具的方法。

3．依据工作任务书要求（表 7-25），学生通过讨论完成工作页的内容、掌握模具的装配与调整相关知识。学生分组练习，完成冲孔模具的装配与调整任务。

表 7-25　工作任务书

课程名称	金工实习		任课教师			
项目名称	制作冲孔模具		工作任务	冲孔模具的装配与调整		
工作资源	冲孔模具的装配与调整生产派工单，冲孔模具装配图及其零件图，模柄，上模板，下模板，固定板，凸模，凹模，卸料版，虎钳，铜棒，铁锤，内六角匙 1 套，锉刀，油石，砂纸，0～150mm 游标卡尺，0～25mm 螺旋千分尺等					
完成形式	个人□　　　小组□		完成时间	年　　　月　　　日		
学习目标	1．会审核冲孔模具装配图纸的配合精度、表面粗糙度等技术要求； 2．学会依据装配图纸和工艺要求对冲孔模具装配与调整并保证质量； 3．具备团队协作、人际交往能力； 4．具备做决定和计划的能力以及时间管理能力					
实施步骤	1．审阅冲孔模具装配图纸配合精度、表面粗糙度等技术要求； 2．根据图纸配合精度要求，制订冲孔模具装配工艺步骤； 3．小组按照冲孔模具的装配工艺步骤完成装配与调整工作任务； 4．任务完成后，小组共同展示完成装配与调整的冲孔模具，依据工作过程评价表进行评价					

任务要求	1. 正确写出冲孔模具零件的装配与调整工艺步骤； 2. 根据学习工作页要求，填充完成相关学习活动中的内容； 3. 正确分析冲孔模具装配的工艺性； 4. 制订出多个冲孔模具的装配与调整工艺方案并对工艺方案进行比较，选出最经济的工艺方案
考核办法	在规定时间内，小组各成员应学会独立查阅学习资料，共同分析并制订出最经济的装配与调整工艺方案，小组共同完成冲孔模具的装配与调整并达到图纸要求，依据"工作过程评价表"进行评价
备注	

二、学习活动

学习环节 1. 识读冲孔模具装配图纸，理解机构各个零件在冲孔模具中的配合作用

_____

_____

学习环节 2. 分析装配尺寸精度及技术要求

1. 根据冲孔模具装配图写出其装配的技术要求。

_____

_____

_____

2. 简述冲孔模具装配的主要内容。

_____

_____

_____

学习环节 3. 根据零件分析结果，编写冲孔模具装配工艺流程

1. 确定冲孔模具装配工艺路线。

_____

_____

_____

2. 制订冲孔模具装配工艺卡（表 7-26）。

表 7-26 冲孔模具装配工艺卡

工 序 号	工 序 名 称	工 序 内 容	设 备	工 序 简 图
1				
2				
3				
4				
5				
6				
7				

学习环节 4. 根据装配工艺流程，完成各组件的装配

1. 调整冲裁间隙的方法是什么？

_____

_____

_____

2. 冲模的外观要求有哪些？

_____

_____

_____

学习环节 5. 根据装配运动情况，检测装配精度并调整间隙

三、学习评价

根据冲孔模具的装配与调整工作过程评价表（表 7-27）进行打分。

表 7-27 工作过程评价表

班 级	姓 名		学 号		日 期	年 月 日		
评价指标	评价要素			权重	等 级 评 定			
					A	B	C	D
信息检索	能有效利用网络资源、技术手册等查找信息			5%				
	能用自己的语言有条理地阐述所学知识			5%				
感知工作	能熟悉工作岗位，认同工作价值			5%				
参与状态	探究学习、自主学习，能处理好合作学习和独立思考的关系，做到有效学习			5%				
	能按要求正确操作，能做到倾听、协作、分享			5%				
	能每天按时出勤和完成工作任务			5%				
	善于多角度思考问题，能主动发现、提出有价值的问题			5%				
	积极参与、能在计划制订中不断学习，提高综合运用信息技术的能力			5%				
	工作计划、操作技能符合规范要求			5%				
思维状态	能发现问题、提出问题、分析问题、解决问题、创新问题			5%				
冲孔模具的装配与调整的技术要求	装配工作的完整性，核对装配图纸，检查有无漏装的零件			15%				
	能根据试冲结果，调整冲裁间隙			5%				
	零件装配符合冲压零件连接的要求			10%				
	能说出组装上、下模板零件的装配工艺流程			15%				
	工具、量具摆放整齐			5%				
有益的经验和做法								
反思								

等级评定：A—好　　B—较好　　C—一般　　D—有待提高

四、知识拓展

1．模具装配的检测方法及内容有哪些？

_____

_____

_____

2．如何确定推件块、上下垫板、模柄工作部分的尺寸？

_____

_____

_____

3．如何正确组装上、下模板？

_____

_____

五、工作总结

1．掌握了哪些技能：_____

2．新的体会及经验教训：_____

3．是否达到了预先制订的工作目标：_____

4．其他收获：_____

注：标 * 表示此教材配有电子教学参考资料包，请登录华信教育资源网下载。

职业教育机类专业系列教材

专业基础课及国家规划新教材

机械基础（多学时）（国家规划新教材）*

机械基础（综合实践模块）（多学时）——减速器的拆装和调试

机械制图（多学时）（含光盘）（国家规划新教材）*

机械制图（少学时）（含光盘）（国家规划新教材）*

机械CAD/CAM实习考证通用图册

金属加工与实训（铣工实训）（国家规划新教材）*

金属加工与实训（焊工实训）（国家规划新教材）*

机械制图与计算机绘图（通用）*

机械基础（少学时）

金属加工与实训（基础常识与技能训练）*

金属加工与实训（车工实训）*

金属加工与实训（钳工实训）*

机械常识与钳工实训（非机类通用）*

机械制图*

机械制图与机械基础常识*

机械加工实训*

工程制图与机械常识*

电工与电子技术*

机电类/数控类/模具类专业系列教材

精密测量技术常识（第2版）*

机械制造技术常识（第2版）*

机械制造技术实训指导*

质量分析与控制技术常识*

气压与液压控制技术基础（第2版）*

传感器与PLC编程技术基础（第2版）*

数控机床电气控制技术基础（第2版）*

数控机床操作与维护技术基础（第2版）*

数控车削编程与加工技术（第2版）*

数控铣削编程与加工技术（第2版）*

模具机械制图（第2版）*

模具机械制图习题集（第2版）*

冲压工艺与模具结构（第2版）*

塑料成型工艺与模具结构（第2版）*

数控加工实训（第2版）*

Pro/E实训教材（第3版）*

UG实训教材（第2版）*

模具机械加工技能训练（第2版）*

模具钳工技能训练（第2版）*

模具制造综合技能训练（第2版）*

数控加工工艺与编程实例*

数控车工技能训练与考级*

数控铣工技能训练与考级*

CAXA电子图板绘图教程（2007版）*

CAXA软件应用技术基础（第2版）*

CAXA制造工程师软件操作训练*

Mastercam软件应用技术基础（第2版）*

Mastercam软件应用技术基础（X2版）*

机械识图与AutoCAD技术基础（2006版）（第2版）*

机械识图与AutoCAD技术基础实训教程*

模具拆装与模具制造项目式实训教程

模具的结构原理及设计技巧

冲压工艺与模具设计*

塑料成型工艺与模具设计*

模具设计与制造基础（第2版）*

模具材料及模具价格估算*

模具材料及表面处理

模具数控加工技术

模具制造技术

◆ 金工实习

ISBN 978-7-121-26098-8

9 787121 260988 >

定价：39.80 元

策划编辑：张 凌
责任编辑：张 凌
责任美编：孙焱津